眼镜博士的奇妙科学课

气候与气象

刘鹤 / 编著　贾斌营 / 绘

U0171074

吉林科学技术出版社

图书在版编目（CIP）数据

气候与气象 / 刘鹤编著 . -- 长春 ：吉林科学技术
出版社，2020.9
（眼镜博士的奇妙科学课）
ISBN 978-7-5578-5006-7

Ⅰ．①气… Ⅱ．①刘… Ⅲ．①气候学－青少年读物②
气象学－青少年读物 Ⅳ．① P4-49

中国版本图书馆 CIP 数据核字（2020）第 004410 号

眼镜博士的奇妙科学课：气候与气象
YANJING BOSHI DE QIMIAO KEXUEKE:QIHOU YU QIXIANG

编　　著	刘　鹤
绘　者	贾斌营
出版人	宛　霞
责任编辑	石　焱
助理编辑	吕东伦　高千卉
书籍装帧	吉林省格韵文化传媒有限公司
封面设计	吉林省格韵文化传媒有限公司
幅面尺寸	167 mm×235 mm
开　　本	16
字　　数	95 千字
页　　数	120
印　　张	7.5
印　　数	1-7000 册
版　　次	2020 年 9 月第 1 版
印　　次	2020 年 9 月第 1 次印刷

出　　版	吉林科学技术出版社
发　　行	吉林科学技术出版社
地　　址	长春市福祉大路 5788 号出版集团 A 座
邮　　编	130118
发行部电话 / 传真	0431-81629529　81629530　81629531
	81629532　81629533　81629534
储运部电话	0431-86059116
编辑部电话	0431-81629516
印　　刷	长春新华印刷集团有限公司

书　　号	ISBN 978-7-5578-5006-7
定　　价	35.00 元

眼镜博士的奇妙科学课

气候与气象

眼镜老师

米粒

果果

可乐

小艾

淘淘

菲菲

朵朵

豆豆

姓名：＿＿＿＿＿＿＿＿

年龄：＿＿＿＿＿＿＿＿

一起加入眼镜老师的奇妙科学课，下一本的主角就是你！

第 一 课

冰雪之旅

天气很热，知了在窗外吱吱地叫着，整个世界似乎被置入一个巨大的蒸汽机中。

眼镜老师打开了空调，继续读着那本《科学家的故事》：

瓦特出生于英国的一个贫困家庭，因为没钱读书，他只好去仪表修理厂做学徒。他刻苦努力，很快便掌握了全部知识，还找到了一份修理工的工作。一个偶然的机会，瓦特需要修理一个老式蒸汽机。经过两年多的钻研，他在老式蒸汽机的基础上研究出冷凝器，发明了能够持续工作、节约能源的新式蒸汽机……

"冷凝器……"眼镜老师自言自语道，他想到了一个解暑的好主意。

眼镜老师的课堂很有趣，总是会有各种各样的惊喜。当然，偶尔也有惊吓！你永远都不会知道，下一堂课老师要讲什么！

好像是《冰雪女王》，难道是一节童话课？

7

最近我们在学习有关季节的知识。豆豆和小艾正在看地图，探讨南北半球此刻的天气状况。

"丁零零——"上课铃声响起。天气闷热、潮湿，我们懒洋洋的，完全打不起精神。

看来我们得找个解暑的法子啊！

豆豆的笔记

季节是一年里的某个有特点的时期。

不同的季节，地理景观差异很大。一年中有四季，即春季、夏季、秋季和冬季。

眼镜老师翻开《冰雪女王》，指着其中的一页说："就是这里！"他把眼镜靠近页面，瞬间光芒四射，时空隧道被打开了！

我们来到室外，跑到校车前，已是大汗淋漓。

豆豆的笔记

　　《冰雪女王》是童话大王安徒生所著的故事。

　　故事中，魔镜的碎片落入人间，掉入了小男孩加伊的眼中。从此，他远离朋友和家人，变得很冷酷，后被冰雪女王带走。加伊的好朋友格尔达历尽千辛万苦，最终，用真诚的心解除了冰雪女王的魔法。

同学们，我们应该开校车去！

校车在时空隧道里飞驰，我们感觉到车内温度越来越低。眼镜老师让我们换上棉衣，准备下车。校车飞出时空隧道，我们来到了一个冰雪世界。

哇哦，真是太凉爽啦！

13

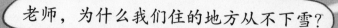

老师，为什么我们住的地方从不下雪？

根据太阳热量在地表的分布状况，我们把地球表面划分为五个温度带：热带、北温带、南温带、北寒带和南寒带。

我们居住在全年炎热的热带，所以没有冰雪。而在南北极圈，有些地方的积雪终年不化，就像这里。

北极

北寒带

北温带 —— 北纬 66° 34′

热 带 —— 北纬 23° 26′

—— 赤道

南温带 —— 南纬 23° 26′

南寒带 —— 南纬 66° 34′

南极

米粒的笔记

热带的范围在南北回归线之间；北温带和热带的分界线为北纬 23° 26′，南温带和热带的分界线为南纬 23° 26′。

北温带和北寒带的分界线为北纬 66° 34′，南温带和南寒带的分界线为南纬 66° 34′。

15

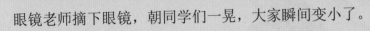

眼镜老师摘下眼镜，朝同学们一晃，大家瞬间变小了。

现在我们来近距离
观察冰雪！

16

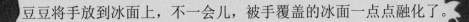

豆豆将手放到冰面上，不一会儿，被手覆盖的冰面一点点融化了。

豆豆的笔记

冰是水的固态形式。水在自然界中，以固态、液态和气态三种形式存在。固态包括冰、雪、霜、冰雹；液态包括云、雨、雾、露；气态主要是水蒸气。

眼镜老师给了我们每人一个冰球。我们用手接过，发现冰球很凉、很硬，晶莹剔透而且十分光滑。豆豆没拿住，冰球落在地上摔碎了。

眼镜老师拿来一个装满水的杯子，将碎冰放入水中。冰不仅没有沉入水底，反而漂浮在水面上。老师说，这是因为冰的密度小于水。

500mL

450mL

400mL

350mL

300mL

250mL

200mL

150mL

温度很低，杯子中的水很快就冻成了冰。米粒发现，冰的体积比水的体积大了一些。

500 ml

450

400

350

300

250

200

150

豆豆的笔记

同等重量的水和冰，
水的密度比冰的大，
冰的体积比水的大。

雪花毯带着我们向上飞，不一会儿，就到了云层。

我想我"晕毯"了！

风好大！不会"翻毯"吧？

23

我们变得越来越小，四周满是水滴。

豆豆的笔记

地面的水不断蒸发到空中，形成水蒸气。

水蒸气遇冷会变成微小的水滴。这些微小的水滴在不同的条件下，形成云、雾、雨、雪、冰雹等。

我们落地以后，马上变回了原来的大小。

还是撑雨伞比较好！

豆豆的笔记

雪有什么作用呢？

冬季适量降雪对农作物的生长有益。因为雪像棉被一样盖在庄稼上，保护庄稼不受冻害。春天积雪融化滋润土地，避免春旱。腊月的雪水具有药用价值，可以治疗烫伤、冻疮等。

31

收好了降落伞，大家累得满头大汗。
天色渐晚，看来早已过了下课的时间。

太冷了，我双腿失去知觉了。

哈哈，你只是还没有走出跳伞的恐惧。

同学们，现在带你们去看望我的一位老朋友。

老师将眼镜对准一张图纸，雪地上瞬间出现了几辆从未见过的车。

雪地车在冰雪中飞驰。眼镜老师通过车内的语音系统告诉大家，这是最新型的雪地车，还未投向市场，同学们都很兴奋。

华灯初上，我们来到了一个安静的村庄。

屋顶上厚厚的积雪，好像奶油蛋糕啊！

我的肚子也说想吃奶油蛋糕啦！

我们跟着老师来到了一个宽敞的院落，遇到了一位同样戴眼镜的人。原来，他是老师多年的同窗。

我们坐在热乎乎的炕上，享受着叔叔为我们准备的丰盛晚饭。

我们看着饭菜上冒着的热气，窗户上漂亮的霜花，屋檐下的冰柱，屋外白茫茫的雪，意识到这些都是水的不同形态。这真是一堂生动而难忘的课啊！

冬季是北半球一年当中最寒冷的季节，通常指立冬到立春的三个月时间，也就是农历的十月、十一月和十二月。在我国的北方地区，冬季的气温最低能达到零下二三十摄氏度，非常寒冷。因此室内均有取暖设施，出门要穿上抵御严寒的防寒衣服。

这堂课上，眼镜老师带领同学们走入冰雪世界。通过这堂课，你学到了哪些科学知识呢？你能回答出眼镜老师的家庭作业吗？

1. 一年分为哪几个季节？
2. 地球表面共有几个温度带？
3. 水、冰和水蒸气三者有什么关系？
4. 请你想一想，水和冰谁的密度大？
5. 雪有什么作用呢？

第二课
阴霾的天空

微信扫码

获取同系列新书试读
添加学习助手获取服务

有声伴读

专业播音员倾情伴读
边听边看乐趣无穷

研究气候与气象，需要一间实验室。
看看眼镜老师的实验室里，都有什么实验仪器呢？

受气压场较弱、风速较小等不利扩散条件影响，京津冀地区已进入雾霾高发期。上午7时，北京城六区空气达到重度污染水平……

眼镜老师一边吃饭，一边看着电视台播报的早间天气预报。唉，他的眼镜越来越难应付雾霾天气了。

在眼镜老师的科学课上，你可以提出任何问题，没有人觉得你的思想古怪。

而且，眼镜老师总是想方设法，跟你一起找到问题的答案。

造成这些意外的罪魁祸首是——雾霾。

雾霾常见于城市，是特定的气候条件与人类活动相互作用的结果，高发于冬季。雾霾天气中，空气污浊，能见度较低。

小艾的笔记

在白天的教室里也不得不打开灯。空气中有一种刺鼻的味道，同学们轻轻咳嗽起来。看来，他们需要一个健康的环境学习。

我需要防毒面罩！

一些地区将雾霾作为灾害性天气进行预警。雾霾天气容易引发多种疾病，如哮喘病、气管炎、脑出血、高血压、咽炎、结膜炎等。儿童、孕妇、老人和过敏体质的人群要加强防护。

豆豆的笔记

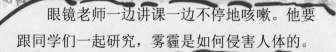

眼镜老师一边讲课一边不停地咳嗽。他要
跟同学们一起研究，雾霾是如何侵害人体的。

直径小于 2.5 微米的颗粒物可以
直接进入支气管以及肺泡，从而被人
体所吸收！

PM2.5 颗粒突破人体鼻腔绒毛以及痰
液的阻隔，顺利进入支气管以及肺泡！

被人体吸收的微颗粒可以
损害红蛋白的输氧能力，并且
引发全身各系统疾病！

进入肺泡的
微尘会迅速被吸
收，并且不经过
肝脏解毒迅速进
入血液循环，遍
布全身！

眼镜老师为孩子们全副武装起来，可是这看起来真的很奇怪！
更重要的是，戴着这套沉重的装备，除了呼吸，什么都做不了。

简易雨伞
红灯（雾灯）
军用夜视仪
防尘眼镜
高科技
防毒面具
空气净化器
右推进器
可触屏指尖设计
酒精
燃料箱
防尘手机壳

钢盔
热能探测眼镜
防尘护耳器
前推进器
左推进器
强光探照灯
吹灰专用风筒
备用氮气罐
一体式生化服

眼镜老师终于忍无可忍，要带着全班同学逃离这灰突突的城市。去哪儿都行，只要没有雾霾。神奇的眼镜又一次展现了其不可思议的功能。

眨眼间，同学们来到了一处风景优美的地方，天很高、很蓝，远处的山上覆盖着白雪。眼镜老师通过定位系统，告诉同学们他们位于青藏高原。

"呀啦嗦，这就是青藏高原！"

小艾的笔记

青藏高原是世界海拔最高的高原，被称为"世界屋脊"。

同学们在原野上奔跑嬉闹，还帮着牧民驱赶牛羊。谁知，天气说变就变，一会儿就下起雨来。这可不是普通的雨，因为打在身上很疼。

冰雹是降落到地面的冰球，是我国主要灾害性天气之一。冰雹会破坏农作物、建筑，甚至危害人身安全。青藏高原是我国冰雹天气高发的地区。

小艾的笔记

眼镜老师急中生智，用神奇的眼镜给大家变出牢固的木屋，同学们邀请牧民一起躲避冰雹。羊群和马也被赶进了眼镜老师临时安排的圈里。

眼镜的笔记

雹灾是我国严重的自然灾害之一，每年都给农业、建筑、通信、电力、交通以及人民生命财产带来巨大损失。

根据冰雹的直径、时间和厚度，将冰雹分为三个等级：

等级	直径/厘米	时间/分钟	厚度/厘米
轻雹	＜0.5	＜10	＜2
中雹	0.5～＜2	10～＜30	2～＜5
重雹	≥2	≥30	≥5

十几分钟后，天气转晴，但地面上到处是积水，大家无法继续游玩，只好无聊地捡拾着地面上没有融化的冰球。眼镜老师决定再换一个地方"避霾"。

这一次我们来到了松花江畔。眼镜老师喜欢钓鱼，我们在他的影响下，也都爱上了这项活动。

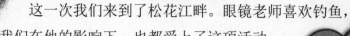

朵朵的笔记

松花江是我国十大河流之一，水利资源和航运资源十分丰富。

松花江，江水清，夜来雨过春涛声。

小艾的笔记

钓鱼方法：

　　根据不同的标准可分为传统钓、悬坠钓、竞技钓、台钓、路亚钓法等。

钓鱼装备：

　　钓鱼的主要装备有鱼竿、鱼线、鱼钩、鱼饵、窝饵、坐凳、鱼护。

眼镜老师建议同学们进行一场钓鱼比赛，大家跃跃欲试。每钓到一条鱼，同学们就非常兴奋。

鱼竿

鱼线

鱼钩

鱼饵

坐凳

鱼护

地震持续的时间不长，但同学们非常恐慌。远处，有几处房屋在地震中坍塌，尘土飞扬。

根据地震中释放的能量多少，将地震划分为四级：弱震、有感地震、中强震、强震。

小艾的笔记

眼镜老师趁机科普地震逃生知识，还编了顺口溜方便同学记忆。

地 震 小 常 识

室内逃生

震时就近躲避，震后迅速撤离。

选择牢固物体，最好三角空间。

身体尽量蜷缩，护好头眼口鼻。

切记不点灯火，以防爆炸伤身。

野外逃生

选择开阔地带，避开人多场所。

远离屋檐墙边，路灯路牌危险。

山脚滚落泥沙，山崩滑坡多发。

垂直方向躲避，护好头部第一。

同学们发现，地震晃动的方向有水平方向，也有垂直方向。

纵波

横波

震源

横波

地震时，首先感受到的是上下跳动，因为地震波从地球内部向地面传来，纵波首先到达。接着是横波产生的大幅度的水平方向晃动。横波是造成地震灾害的主要原因。

小艾的笔记

眼镜老师说，地震的原因有很多，比如地球各大板块之间互相挤压、火山喷发等。

构造地震

塌陷地震

火山地震

小艾的笔记

全球主要地震活动带有三个：环太平洋地震带、地中海地震带和洋脊地震带。地震灾害具有瞬时性，造成的伤亡大。除了直接灾害以外，还会引发次生灾害，比如火灾、海啸、瘟疫、滑坡和崩塌、水灾等。

地震发生之前，自然界会出现一些征兆。在我国，科学监测地震由来已久。早在东汉时期，科学家张衡便发明了候风地动仪，监测地震方位。

小艾的笔记

发生地震之前的征兆：

　　地下水异常：比如水质变色、变味，水翻花冒泡等。

　　生物异常：如狗狂吠，大批青蛙上岸活动等。

　　电磁异常：如收音机失灵、手机信号衰弱等。

不知道是否还会有余震，眼镜老师只好带领同学们再次转移。这次，同学们要自己选择。他们决定去东北的一座城市。

64

这里人来人往，车水马龙，工厂林立，十分热闹。

可是不一会儿，天空乌云密布，马上就要下雨啦！

古代没有天气预报，人们会通过一些动物的特殊反应，来判断是否下雨。比如：

燕子低飞，天要下雨。

蜜蜂迟归，雨来风吹。

泥鳅跳，风雨到。

蜻蜓飞得低，出门要带笠。

米粒的笔记

眼镜老师觉得这是一个很好的实验机会。他利用眼镜，为每位同学准备了测量仪器。

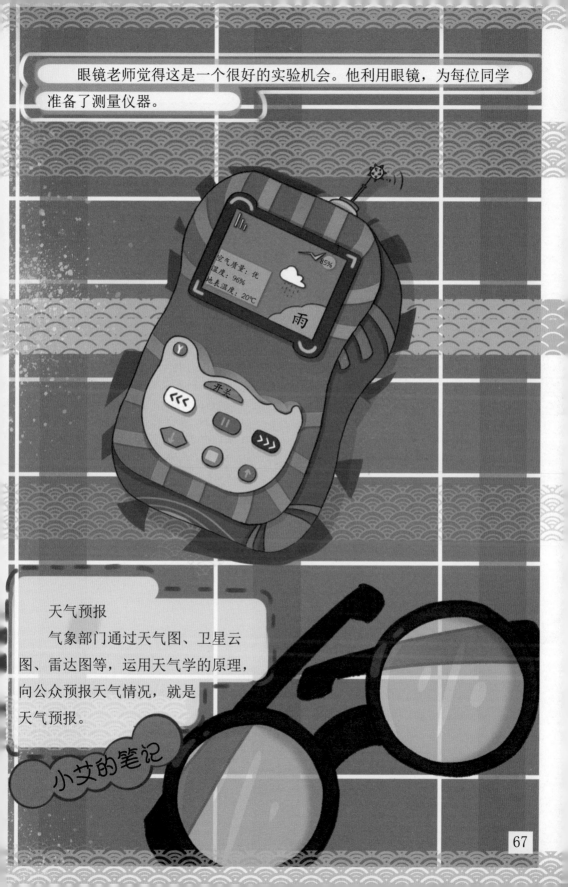

空气质量：优
温度：96%
地表温度：20℃
85%
雨
开关

天气预报
气象部门通过天气图、卫星云图、雷达图等，运用天气学的原理，向公众预报天气情况，就是天气预报。

小艾的笔记

开始下雨了，同学们穿好雨衣，一边放置好雨量器，一边准备检测雨水的成分。

雨量器是用于测量一段时间内累积降水量的仪器。在没有仪器的时候，也可以通过观察降雨的情况判断。

小雨：雨滴清晰可辨；地面无积水或积水形成很慢。

中雨：雨滴连成线，可闻雨声；地面积水形成较快。

大雨：雨滴模糊视线，雨声激烈；地面积水形成很快。

暴雨：雨如倾盆，雨声猛烈；积水形成特快，下水道往往来不及排泄，常有外溢现象。

小艾的笔记

同学们知道雨水是淡水的重要来源，因此，他们检测得很认真，严格按照老师规定的操作步骤进行。

雨水的主要成分是水，其中还含有少量的二氧化硫、二氧化氮和一些杂质。水溶液的酸碱度用 pH 值表示，通常雨水的 pH 值约为 5.6，小于 5.6 的雨水为酸雨。

同学们看着检测结果，十分无奈地互相对视着，觉得又该换个地方"避霾"了。

小艾的笔记

酸雨的危害主要有三方面：

1. 酸雨会危害土壤和植物

酸雨会加速土壤中矿物质等营养元素的流失，造成土地的营养不良，影响植物正常生长。

2. 酸雨危害人类的健康

酸雨会严重影响人类的呼吸系统，引发哮喘、咽喉炎等疾病。

3. 酸雨会腐蚀建筑物

酸雨能损坏建筑物，造成建筑物的使用寿命下降，并产生安全隐患。

同学们走在茂密的森林里，观察着高耸的树木，倾听着鸟儿的欢唱，十分开心。眼镜老师提醒大家注意观察，因为这里生活着很多野生动物。

长白山动植物种类繁多，是亚欧大陆北部最具有代表性的自然综合体，是世界少有的"物种基因库"和"天然博物馆"。

同学们一路上坡，很快就到了一个湖边。
眼镜老师说，这里是天池。

小艾的笔记

天池是中国最高最大的高山湖泊，是东北三江——松花江、鸭绿江、图们江的发源地。

不，应该是拔地而起的一池水！

从天而降的一池水！

眼镜老师告诉我们，长白山是一座休眠火山，历史上曾多次爆发，最近的一次是在康熙年间。

小声点说话，我可不想把它吵醒！

小艾的笔记

火山可分为活火山、死火山和休眠火山。活火山比较危险，是尚处于活动中的火山，而死火山则是失去活动能力的火山。休眠火山是睡着了的火山，不知道什么时候就会醒来活动。

火山爆发时会喷发出大量的火山灰。火山灰与水混合到一起，冲毁房屋、道路、桥梁。

不过，火山资源也可以利用。火山与地热是一对"孪生兄弟"，有火山的地方一般就有地热，除了可以用于取暖，还可以泡温泉。

火山喷发使山体周围的水富含对人体有益的矿物质，可以制作成可以饮用的矿泉水。不过，未经处理是不可以直接喝的！

矿泉水怎么没有火山灰的味道呢？

小艾的笔记

矿泉水和纯净水的区别：

矿泉水中含有微量的矿物质元素，纯净水则将水中其他元素去除，仅保留水分子。无论是饮用矿泉水还是纯净水，只要是安全、卫生的，都对人体有益。

天色渐晚，眼镜老师只好拿出眼镜，带他们回到教室。

空气中的雾霾不知何时已经散去，同学们兴高采烈地背起书包，准备回家。眼镜老师在同学们飞奔出门前，大声喊道："今晚回家要关注灾害性天气预警！"

天气预报时，常会发布气象灾害预警。常见的预警信号如下：

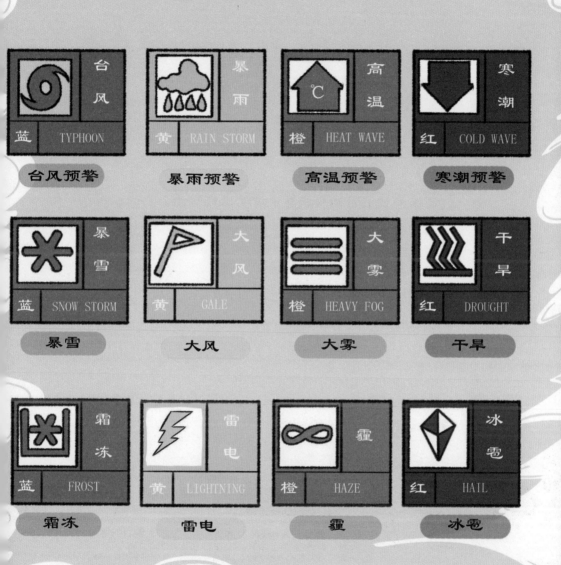

根据灾害的严重程度和紧急程度，将预警信号分为 4 级，依次使用蓝色、黄色、橙色和红色 4 种颜色，代表一般、较重、严重和特别严重。

小艾的笔记

灾害性天气是指对人民生命财产、生活和生产活动以及资源环境造成危害的天气。主要包括干旱、暴雨、大风、热带气旋、沙尘暴、冰雹、寒潮和强冷空气活动、霜冻、降雪、雾等。

随着通信技术的不断进步，各级气象部门能够及时发布气象信息和紧急预警，以减少灾害对人们造成的损失。

眼镜老师的奇妙科学课下课啦！这堂课上，你学到了哪些科学知识呢？

1. 雾霾天气是什么样的？

2. 被称为"世界屋脊"的是哪儿？

3. 你能说出几种灾害性天气？

4. 地震时，你首先感受到上下跳动还是左右晃动？

5. 哪种火山比较危险？

第 三 课

极地冒险

　　课堂上，眼镜老师带领同学们学习有趣的气候和气象知识。

　　课后，同学们还会用自己的方式，记录气候和气象。

　　你能看出，同学们拍摄的照片是什么季节或天气吗？

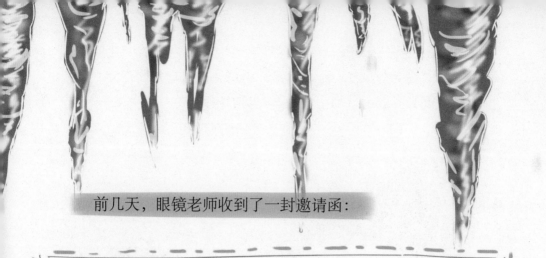

前几天，眼镜老师收到了一封邀请函：

尊敬的眼镜老师：

  近期，科考站将组成专家考察队，就南极的生物进行实地调研，期待您的加入！

——长城站

眼镜老师翻出老照片。那是 1984 年，中国南极洲考察队首次在南极洲的乔治王岛上，隆重举行中国南极长城站奠基典礼的照片。

至此，中国开启了极地研究之旅……

眼镜老师虽然看起来严肃，但是他的课却十分有趣。今天，眼镜老师一改古板的白大褂，让我们很好奇。

哈哈，老师今天好奇怪啊！

今天是企鹅节吗？

85

“丁零零——”上课的铃声响起，大家停止了玩闹。
北极熊吃北极贝吗？
z z z
企鹅和熊猫是亲属吗？
同学们，今天我们一起认识一下企鹅和北极熊。

姓名：帝企鹅

家庭住址：南极

身高：一般为70～90厘米

体重：40～50千克

生活习惯：群居

饮食习惯：以大海中的鱼类和甲壳类为食

天敌：海豹、大贼鸥

朵朵的笔记

朵朵的笔记

姓名：北极熊

家庭住址：北极

身高：成年北极熊直立高度
一般为2米左右，最高
可达2.8米。

体重：雄性300～800千克，
雌性150～400千克

生活习惯：独居

饮食习惯：主要以海豹、海狮为食，
夏季会吃一点浆果

天敌：北极之王，因为北极陆地上没有比
它更大的动物

眼镜老师给每一位同学发放了防寒服。

淘淘的笔记

防寒服分为普通防寒服、高原防寒服和极冷防寒服。普通防寒服如我们日常穿的羽绒服等；高原防寒服根据高原风大、空气稀薄的特点而设计；极冷防寒服则能在 -50℃ 以下的环境中保暖。

89

这一次我们没有搭载任何交通工具，眼镜老师摘下眼镜，直接打开时空隧道。

瞬间一阵寒气扑面而来，我们来到了极地世界。

眼镜老师说此刻我们位于南极洲。

扫一扫
看看南极洲是什么样的?

风吹得我要起飞了!

我感觉鼻涕冻住了!

南极洲位于地球最南端，是世界上地理纬度最高、跨经度最多的一个大洲。南极大陆98%的地域终年被冰雪覆盖，平均气温-40℃，每年有长达8个月的严冬，气候酷寒、风烈、干燥。因此无常住人口。

可乐的笔记

我们沿着脚印，找到了一群南极土著居民——企鹅。

我们慢慢地靠近它们，奇怪的是企鹅们背风而立一动不动，只是时不时警惕地抬头望向我们。

雄

企

鹅

原来企鹅妈妈们去海里寻找食物了。

同学们不要靠得太近，它们正在孵化宝宝。

哇，好可爱的企鹅妈妈群。

不，是爸爸群！

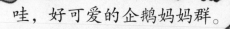

朵朵的笔记

南极洲虽然终年寒冷，但也分为寒、暖两季。每年的 4 月至 10 月是寒季，沿海地带的气温约 -30 ～ -20℃，内陆地区的温度约 -70 ～ -40℃，最低温度曾达 -89.2℃。每年的 11 月至次年的 3 月是暖季，沿海地带的温度一般为 0℃以下，内陆地区的平均温度为 -35 ～ -20℃。

同学们被企鹅爸爸所感动。就在大家搜寻着包里的食物，想要喂企鹅的时候，突然听到咔嚓一声。

仔细讲解

一周后

认真记录

是企鹅宝宝出生啦！

此时，企鹅妈妈们正好回家了！妈妈们看到自己的宝宝欣喜不已，它们将食物喂给小企鹅。企鹅爸爸在与妈妈短暂团聚后，不得不去海边觅食。

朵朵的笔记

南极洲虽然气候恶劣，但也有一些动物生活在那里，比如企鹅和海豹等。

98

我们跟着企鹅爸爸们，一起去看看它们捕食的大海。爸爸们一个个跳到了海里。

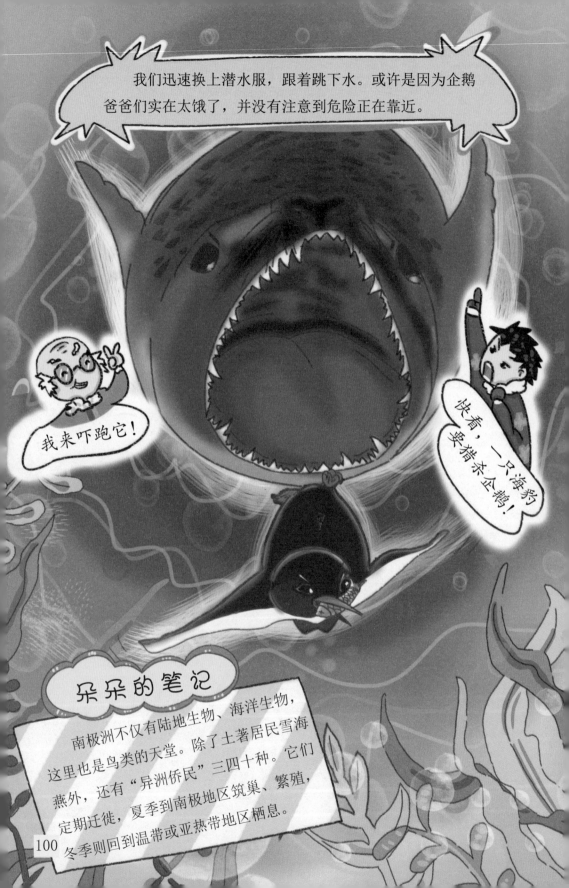

我们迅速换上潜水服，跟着跳下水。或许是因为企鹅爸爸们实在太饿了，并没有注意到危险正在靠近。

我来吓跑它！

快看，一只海豹要猎杀企鹅！

朵朵的笔记

南极洲不仅有陆地生物、海洋生物，这里也是鸟类的天堂。除了土著居民雪海燕外，还有"异洲侨民"三四十种。它们定期迁徙，夏季到南极地区筑巢、繁殖，冬季则回到温带或亚热带地区栖息。

但是，企鹅爸爸的脚还是受伤了。我们将它抬到南极科考站疗伤。

南极科考站 →
200米

朵朵的笔记

中国南极科考站包括已建成的中国南极长城站、中国南极中山站、中国南极昆仑站、中国南极泰山站和正在筹建的中国南极罗斯海新站。

我们将企鹅爸爸送回企鹅妈妈和企鹅宝宝的身边，并跟企鹅家族合影留念。

同学们讨论着关于熊的动画片，有国内的，也有国外的。大家都很喜欢熊憨憨的形象，尽管事实并非如此。

南极境内没有一个国家，但北极地区不同，不但有常住人口，还有多个城市，如挪威的特罗姆瑟城。与南极一样，北极也是不折不扣的冰雪世界。

睁开眼的瞬间，我们惊呆了！没想到，这里有一座很漂亮的城市！

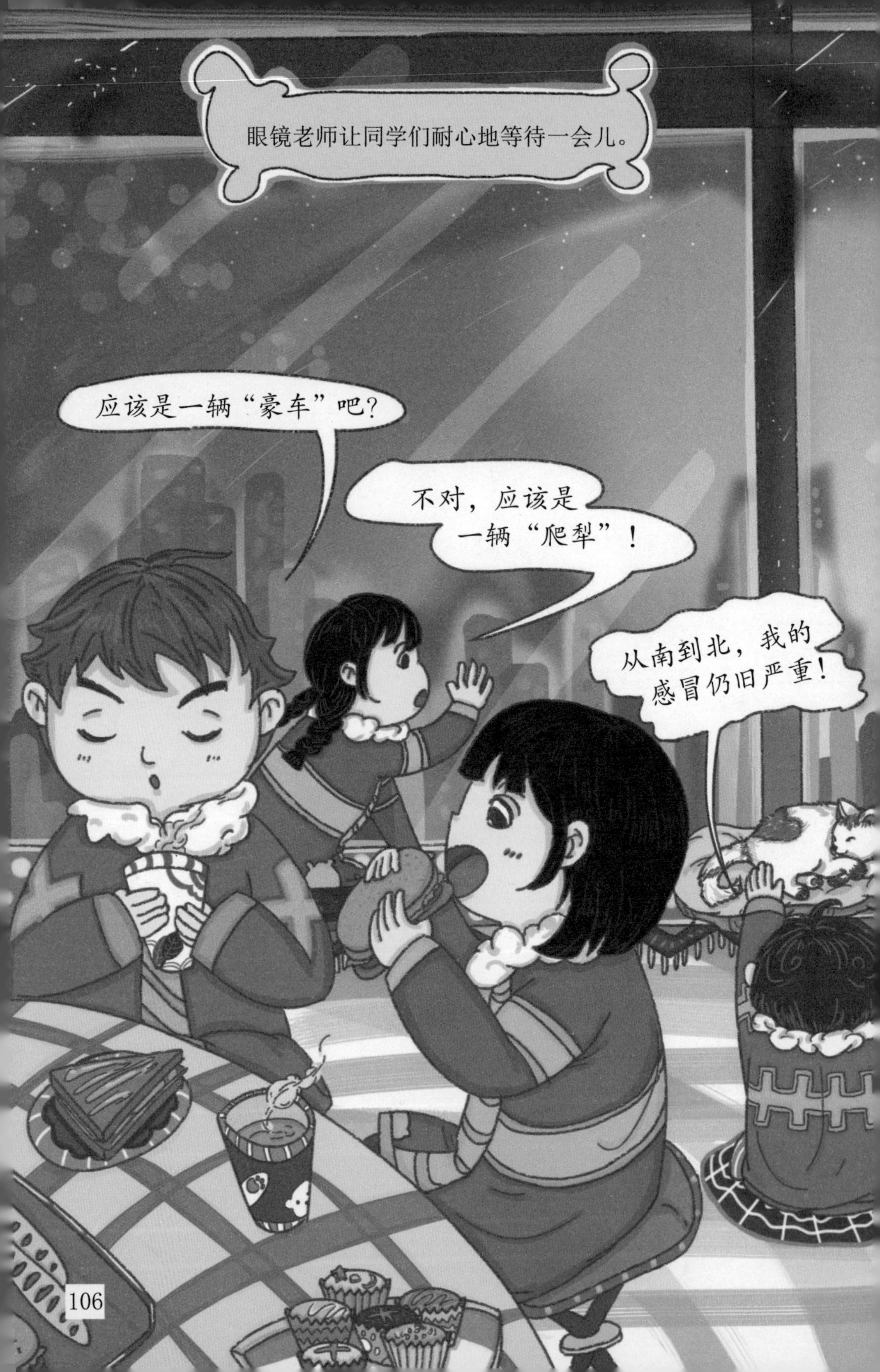

眼镜老师让同学们耐心地等待一会儿。
应该是一辆“豪车”吧？
不对，应该是一辆“爬犁”！
从南到北，我的感冒仍旧严重！

极地区：是指北纬66° 34′
　北极圈以内的地区，包括北
　　冰洋的绝大部分，海冰区，
　　岛屿和欧洲、亚洲、北美洲及
　　　格陵兰岛在北极圈以内的陆地。北
　　　极地区是地球上人类最稀少的地
　　　区之一，千百年来只有因纽特人世
　　　　代在这里繁衍
　　　　生息。

热情的拉普人爷爷告诉我们，在北极生活最多的是因纽特人。

北冰洋的冬季长达半年，一般从 11 月起至次年 4 月。剩下的 6 个月则是春、夏、秋三个季节。5、6 月和 9、10 月分别属于春季和秋季，7、8 月是夏季。冬季的平均气温为 -40℃～ -20℃，夏季的平均气温在 -8℃左右。

朵朵的笔记

拉普人爷爷的驯鹿车将我们拉到北冰洋的浮冰海域，便离开了。而我们则登上了破冰船。

是你的鞋滑！

我感觉脚下的冰在晃动。

朵朵的笔记

与南极地区一样，北极地区也是白色的冰雪世界。但由于洋流的运动，北冰洋表面的海冰不停地漂移、冰冻与融化，因而没有形成南极大陆那样数千米厚的冰雪。

同学们兴奋地站在甲板上。我们发现，破冰船早已越过了警示线。

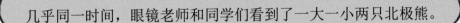
几乎同一时间，眼镜老师和同学们看到了一大一小两只北极熊。

北极地区受全球气候影响，将会出现一些新现象。

全球变暖使北极冰川快速融化，最终将导致北冰洋的冰川远离亚欧大陆和美洲大陆。

近几年，北极海冰出现融化现象。如果海冰完全融化，将对北极熊等生物的家园造成毁灭性破坏。

破冰船慢慢靠岸，我们悄悄地跟着它们。眼镜老师给我们每人一个高倍望远镜，以便更清晰地观察它们。

与南极一样，北极除了生活着具有代表性的北极熊之外，还有驯鹿、狼、狐、兔、海鱼以及海鸟等生物。

熊妈妈带领熊宝宝爬上山坡。熊宝宝的四肢没有妈妈的力气大，反复尝试了5次之后，终于爬了上去！

北极熊生活在北冰洋附近的浮冰海域。在风和海流的作用下，浮冰可堆积形成巨大的浮冰山。

熊妈妈指导熊宝宝在冰层上慢慢地找寻着。
最终，他们停在了一个小孔附近。

宝宝，你要记住，这就是海豹的味道！

我们还要等多久？我好饿！

嗅

咕噜

耐心等待才有收获！

朵朵的笔记

北极因地广人稀而被视为净土。但近年来，科学家对北极的监测结果表明，北极的塑料污染日益严重。他们在北极的冰中发现了微小的塑料碎片，认为是人类活动和洋流运动导致了北极地区受到污染。

6个小时后，一直守候在换气孔旁边的熊妈妈突然挥动手臂，并用利爪勾住猎物——一只海豹。

你要在衣服上制造极光？

天上的仙女在画
画儿，不小心弄撒了颜料？

返回城市的路上，我们竟看到了极光。眼镜老师带领同学们就地搭起帐篷，边吃边观察极光。我敢说，你从没上过这样的课。

朵朵的笔记

　　北极光是北极地区的高空发出绚丽光芒的自然现象，通常为幔帐形或带形，可呈现白色、黄绿色，有时也有红、蓝、灰、紫等色。它的形成有三个要素：太阳风、地球磁场和大气。

我们回到了教室，认真地总结今天学到的知识。坦白说，信息量有点大！眼镜老师为我们布置了作业。

作业：

1. 北极和南极的代表性动物是什么？

2. 什么是极光？极光的形成要素是什么？

3. 仔细回想一下，北极和南极有什么区别？

4. 分别画一只帝企鹅和北极熊吧！

这不仅是一本少儿读物
更是孩子的科学问题
解决方案

建议扫描二维码
配合本书使用

【 本书特配线上阅读资源 】

 新书试读：为读者提供新书试读，方便读者查看同系列图书的最新内容。

 家长伴读群：家长加入阅读伴读群，共同探讨辅导孩子高效阅读的方式方法，分享伴读经验。

 阅读助手：为读者提供专属阅读服务，满足个性阅读需求，促进多元阅读交流，让读者学得快、学得好。

【 获取资源步骤 】

第一步　微信扫描本页二维码

第二步　添加出版社公众号

第三步　点击获取你需要的资源或者服务

微信扫描二维码
领取本书阅读资源